AF402522

ANNONCE
ANALYTIQUE,

Faite par l'auteur d'un ouvrage de Physiologie, traitant des sympathies, ou des rapports organiques du cerveau, ou de l'organe de la pensée, avec tous les organes externes et internes du corps, soit dans un même individu, soit entre les divers individus ; le tout considéré sous un nouvel aspect, contenant des vues nouvelles sur le souffre, l'électricité, le galvanisme, le magnétisme et la lumière, etc. avec des applications à l'explication de la plupart des phénomènes généraux, rélatifs à ces objets, ainsi qu'à l'explication de la plupart de ceux rélatifs à l'économie animale en état de santé et de maladie, et renfermant aussi quelques nouvelles vues thérapeutiques ; ouvrage en deux volumes in-8°., destiné à concourir à deux prix, proposés par l'Institut National, l'un sur les sympathies, et l'autre sur des découvertes rélatives à l'électricité, portant pour épigraphe :

Exegi monumentum ære perennius
Regalique situ pyramidum altius.

Par CLAUDE ROUCHER DÉRATTE, officier de santé, professeur de Physique et de Chimie à l'école centrale du département de l'Hérault, à Montpellier; membre de plusieurs Sociétés savantes.

A PARIS,

CHEZ ALLUT, Imprimeur-Libraire, rue de l'Ecole-de-Médecine, N°. 36, et rue St.-Jacques, N°. 611.

AN XI. (1803).

ANNONCE ANALYTIQUE.

C E qui oblige l'auteur à annoncer authentique-
ment cet ouvrage, et à l'avance, sont la circonstance des découvertes qu'il renferme, la
publicité que l'on en a, ainsi que de tout le
contenu de l'ouvrage qui, d'après ces mêmes
découvertes, les intrigues et les menées, n'a
pu être composé sans que toutes les idées qu'il
renferme, et tous les mots même qu'il contient,
aient pu éviter d'être connus. On a plus fait,
on en a pris un grand nombre de copies.

Cet ouvrage est divisé en deux parties ; la 1ère
partie en deux sections, la 2ème en 4 sections, et
chaque section en plusieurs paragraphes.

Avant d'en venir à la première section, l'auteur
montre que, d'après les lois primordiales de la
nature, il existe des rapports organiques entre
les organes correspondans des divers individus,
dépendans de la similitude de forme et de struc-
ture de ces organes, de l'analogie de leurs fonctions,
de l'identité de leurs effets, d'après lesquels il résulte
des sympathies proprement dites, en vertu des-
quelles un organe ne saurait être affecté, sans que
son semblable, son congénère, ne le soit aussi

sympathiquement dans les autres individus, très-faiblement à la vérité, mais d'une manière assez sensible pour que l'on s'en apperçoive sous certaines circonstances qui sont de rigueur.

Nos *organes* respectifs sont en cela semblables à deux instrumens à membrane ou à corde, montés à l'unisson, dont l'un ne saurait être directement affecté, sans que l'autre ne le soit de la même manière, ne vibre, ou ne résonne d'un mode analogue, quoique faiblement, sans être touché et placé à une distance convenable.

Les circonstances de rigueur, sont l'attention et la distance convenables.

La distance est entre les limites, de dix à cent mètres.

L'attention exige au moins un regard général, indéterminé de la pensée, son activité sur la sensation sympathique que l'on éprouve, ce qui s'apperçoit sur-tout pendant le sommeil.

Il explique les raisons pour lesquelles ces effets, les phénomènes sympathiques, ne sauraient avoir lieu lorsque la pensée repose, comme cela arrive souvent dans le sommeil lorsqu'il est profond, ce que prouvent ses découvertes, ou lorsqu'elle est préoccupée de quelqu'autre objet, ou lorsque l'on n'a point connaissance de ses découvertes.

Cela dépend, dans les deux derniers cas, de ce que ne pouvant sentir à la fois deux impressions, comme plusieurs métaphysiciens le croient, la plus faible qui est la sympathique, doit être insensible ; et dans le premier cas , de l'état de relâchement du cerveau , qui ne lui permet pas d'être suffisamment affecté pour exciter le *sensorium commune*, provoquer sa réaction sur l'organe qui lui a transmis une faible sensation , réaction indispensable dans tous les cas , pour donner à chaque sens, à chaque organe qui est le sujet de l'affection , le degré d'énergie nécessaire pour la rendre sensible.

Les effets sympathiques sont semblables, d'après lui , à ceux d'un instrument à corde ou à membrane , montés à l'unisson de pareils instrumens , qui, placés à une certaine distance et sans être touchés , résonnent du même mode que ceux que l'on pince, ou que l'on frappe.

A l'occasion de cette inactivité de la pensée dans plusieurs circonstances, l'auteur remarque que l'opinion de Bacon, qui croit que l'on pense tou jours, n'est point exacte.

L'auteur prouve que l'impression dans toutes ces circonstances, est trop faible pour que l'on s'en apperçoive, l'étant déjà trop lorsque la pensée s'en occupe.

C'est un effet, dit-il, de l'intelligence et de la sagesse de l'Auteur de la nature, qui n'a pas voulu nous organiser de manière que des affections de nos semblables il pût en résulter, pour l'espèce , des effets nuisibles, mais qui a cherché , par un mécanisme ingénieux, à nous faire participer aux sentimens de joie ou de tristesse, de plaisir ou de peine de nos semblables, à exciter en nous ces sentimens sublimes d'humanité, cette bienveillance universelle qui nous attachent réciproquement les uns aux autres.

Anathème, s'écrie-t-il, contre les impies qui feraient un crime à la divinité, des prérogatives de notre organisation, de la perfection de nos organes, de leur susceptibilité, et qui chercheraient, par un abus sacrilége, à vouloir persuader qu'il peut en réuslter des inconvéniens, inconvéniens qui ne sont que des prétextes, dont il démontre la futilité et l'astuce, qui les a fait recourir à des moyens exécrables, mais qui n'ont tourné qu'au détriment de leur santé et à les couvrir d'opprobre et d'ignominie !

Il prouve au contraire les nombreux avantages qui dérivent de toutes ses découvertes, tant pour la société que pour l'humanité, ne fût-ce que de pouvoir se tenir en garde contre les malfaicteurs, et de mettre les personnes affectées de surdité dans le cas de pouvoir entendre nos idées avec facilité ; et ce sont les moindres des avantages qui résultent de ces découvertes : quels bienfaits sont-ils comparables à ceux-là ?

L'auteur attribue tous les phénomènes sympathiques, au fluide électrique ou galvanique animal, qui est dégagé, rendu libre par l'affection directe qu'il transmet plus ou moins faible, plus ou moins modifiée à l'organe correspondant pour lequel il a une affinité organique.

C'est du fluide rendu libre, que l'auteur fait dépendre le principe de vie, ce principe régulateur qui préside à toutes les fonctions de l'économie animale et végétale, tant cherché; principe qui, par son dégagement a suffi à l'Auteur de la nature pour animer les êtres organisés, et qui, par la continuité réglée de son dégagement et de sa reproduction, suffit pour entretenir le branle de la machine organisée, mise en mouvement par lui, et soutenir le phénomène de la vie; principe qui, cessant d'être un être de raison, et devenant un être physique, donne une base solide à toutes les explications des phénomènes physiques de l'économie vivante.

La *première section* traite des rélations qui existent entre le cerveau ou l'organe de la pensée, et les organes externes du corps, c'est-à-dire, les sens, soit dans un même individu, soit entre les divers individus.

Le premier paragraphe de cette section traite des rélations du cerveau avec l'organe de la vue, sous l'un et l'autre rapports, c'est-à-dire, dans un même individu et entre plusieurs individus; d'où résulte, d'après l'expérience que l'on peut en faire, qu'il suffit qu'une personne voie un objet bien éclairé, pour qu'une autre personne, sans être en aspect avec cet objet, mais placée dans l'obscurité, et les paupières clignées, le distingue faiblement, à la vérité, comme toutes les perceptions sympathiques, pourvu qu'elle soit encore placée dans les circonstances générales requises, l'attention et la distance convenables.

Il explique les circonstances particulières de ce phénomène, d'après les lois de l'optique.

Il parle dans ce paragraphe, d'un phénomène qui n'est pas moins étonnant, celui de pouvoir appercevoir les objets derrière un corps opaque, pourvu que l'on soit dans les mêmes circonstances que pour le précédent. Ce phénomène dépend des lois de l'optique.

Le 2ème paragraphe traite des rélations du cerveau, ou de l'organe de la pensée avec l'organe de l'acoustique ou de l'ouie, sous l'un et l'autre rapports mentionnés ; d'où résulte que l'on peut percevoir des sons sympathiquement, c'est-à-dire, ce qu'une autre personne entend, quoique l'on ne soit pas dans la sphère d'action du son, comme les vibrations d'une montre, pourvu que l'on soit dans les circonstances générales requises.

Les 3ème et 4ème paragraphes traitent des rélations du cerveau avec ceux de l'odorat et des saveurs, d'où résultent des sensations odorantes ou sapides sympathiques, selon l'organe affecté, quoique l'on ne soit pas dans la sphère d'action de ces substances.

Le 5ème paragraphe traite des rélations du cerveau avec l'organe de la parole ou de la voix, sous l'un et l'autre rapports ; d'où résultent quel-quefois des paroles sympathiques, c'est-à-dire,
les

une

une répétition machinale de ce que l'on entend. Les animaux, sur-tout, tels que les perroquets, les oiseaux et les chiens, moins soumis à l'organe de la volonté, en sont plus susceptibles.

L'auteur distingue la parole de la voix, quant aux effets. La voix produite, selon lui, par l'action des cordes vocales qui sont à l'orifice du larynx ou du gosier, n'est point sonore, tandis que la parole, spécialement due à l'action du larynx, a un son plus ou moins bruyant.

Le 6ème paragraphe traite des rélations du cerveau avec l'organe du tact, sous l'un et l'autre rapports; d'où résultent des sensations sympathiques, rélatives à cet organe, c'est à dire, que l'on éprouve, quoique faiblement, toutes les affections tactiles des autres, pourvû que l'on soit placé dans les circonstances générales requises.

Le 7ème paragraphe traite des rélations du cerveau, ou de l'organe de la pensée avec plusieurs organes des sens à la fois, celui de la voix et celui de l'ouie; d'où résulte un phénomène des plus étonnans, la faculté de transmettre ou de percevoir les idées sans l'entremise de la parole, ou ce que l'on pense, (1) phénomène au fonds analogue à celui de la faculté de les connaître ou de les transmettre par son intermède, qui est un phénomène aussi sympathique, qui ne diffère de l'autre que du plus au moins d'intensité du son, qui est bien

____

(1) L'Auteur donna connaissance à l'Institut, des phénomènes et autres, le 11 nivôse an X.

B

faible dans le premier, mais qui n'en existe pas moins, si l'on y fait bien attention (1).

La production de ce phénomène exige les circonstances requises, quoiqu'il puisse avoir lieu imparfaitement presque côte à côte.

L'auteur fait mention dans ce paragraphe, des circonstances qui l'ont conduit à cette précieuse découverte.

Les 8ème et 9ème paragraphes traitent des rélations du cerveau avec plusieurs autres organes des sens, ceux de l'odorat et des saveurs, ceux de l'acoustique et de la vue ; d'où résultent, etc.

Le 10ème traite des rélations des sens entr'eux ou avec quelques-unes de leurs dépendances ; d'où résultent plusieurs phénomènes dont il fait mention.

Le 11ème paragraphe traite des rélations du cerveau avec tous les sens à la fois ; d'où résulte, etc.

Ces onze paragraphes qui forment la première section, traitant des rélations du cerveau avec les divers sens, présentent divers phénomènes physiologiques et pathologiques, de nouvelles vues sur tous les organes des sens, de nouveaux apperçus sur plusieurs phénomènes de l'économie animale, en état de santé et de maladie.

L'auteur dans plusieurs paragraphes de cette même section, observe, par rapport aux perceptions sympathiques, que la même intrigue qui s'est agitée en tout sens, pressé, coigné la tête, battu, déchiré les flancs, qui a pressuré, distillé tout son venin

---

(1) Voyez la distinction établie entre la parole et la voix.

pour en faire sortir des inconvéniens, n'ayant pu
y réussir, a eu recours à toutes sortes de strata-
gèmes, pour chercher, d'un autre côté, à persuader qu'elles n'étaient que l'effet des prestiges de
l'imagination ou des illusions des sens, contra-
dictions qui montrent tout-à-la-fois la sottise,
la mauvaise foi et l'imposture.

Les prestiges et les illusions sont celles qu'elle
a employées : par rapport à l'esprit, en assiégeant
continuellement et clandestinement l'esprit des
personnes sans qu'elles s'en doutassent, et qu'elles
voulaient tromper, d'idées défavorables pour l'auteur et ses découvertes, qu'il faut bien connaître
pour pouvoir se tenir sur ses gardes, afin de pouvoir s'appercevoir de leur caractère étranger aux
principes ou à la manière de penser, de juger, indi-
viduelle : par rapport aux sens, en croisant, sans
que l'on s'en doute, étant apostée par-tout, les
expériences que chacun essaie de répéter, voulant
s'assurer de leur certitude, pour les faire échouer,
ou du moins dérouter, ce qui peut arriver souvent,
si l'on n'a une connaissance parfaite et plénière de
ces découvertes, si l'on ne prend des précautions,
et si l'on ne connaît toutes les conditions et les circonstances pour n'être point trompé.

La science des phénomènes sympathiques et de
toutes les circonstances qui peuvent les faire réussir,
et de toutes celles qui peuvent quelquefois les
faire échouer, n'exige aucune étude, il suffit de les
connaître, et d'un peu d'expérience pour l'acquérir.

La plupart des bonnes femmes peuvent en savoir autant dans un moment, que l'homme le plus éclairé, ce dont conviendront tous ceux qui en ont déjà connaissance, s'ils sont de bonne foi. Et qui l'ignore aujourd'hui ? Il n'y a que ceux à qui quelque intérêt veut en dérober la connaissance.

La *seconde section* traite des rélations du cerveau, ou de l'organe de la pensée avec les divers organes internes du corps, soit dans un même individu, soit entre des divers individus.

Le 1er paragraphe de cette section traite des rélations du cerveau, ou de l'organe de la pensée avec le cœur, sous l'un et l'autre rapports; d'où résulte que les affections directes de ce dernier organe peuvent être ressenties, quoique faiblement, par d'autres personnes sous les circonstances requises, ce qui donne lieu à plusieurs phénomènes dont il est fait mention.

L'auteur examine dans ce paragraphe la cause de l'irritabilité du cœur, et de l'irritabilité en général. Il la trouve, d'après l'analogie de plusieurs autres phénomènes galvaniques, évidemment dépendante de la même cause, comme il le prouve en parlant du galvanisme, 2ème partie, 2ème section, dans le dégagement du fluide électrique, et sa propriété stimulante.

Il rapproche ensuite l'irritabilité de la sensibilité, et prouve, d'après diverses considérations, que ces deux propriétés, l'irritabilité et la sensibilité, ne sont qu'une modification l'une de l'autre, et ont leur source dans le stimulus dont jouit le fluide électrique à l'état de liberté, lorsqu'il est dégagé.

C'est à ce dégagement continuel qu'il suppose, et prouve d'après plusieurs considérations, du fluide électrique combiné dans toutes les parties du corps, et principalement avec les nerfs, et le cerveau sur-tout, qu'il regarde comme son réservoir dans l'animal, qu'il attribue le mouvement alternatif de contraction du cerveau; du cœur, et des artères, ou le mouvement de systole et de diastole, le phéno-mène par conséquent de la circulation du sang; celui de la fièvre, lorsqu'il est trop considérable; celui du mouvement musculaire; des convulsions; aussi, lorsqu'il est trop abondant; la cause des forces toniques; et le principe de vie, ce principe régulateur dont il parle d'une manière assez éten-due, soit rélativement à l'économie animale, soit rélativement à l'économie végétale.

Le 2ème paragraphe traite des rélations du cer-veau ou de l'organe de la pensée avec l'organe pul-monaire, sous l'un et l'autre rapports aussi, soit dans un même individu, soit entre divers individus; d'où résulte que les affections directes des poumons peuvent être sympathiquement ressenties par d'au-tres sous les circonstances requises, ce qui donne lieu à divers phénomènes qu'il rapporte.

C'est encore au dégagement du fluide électri-que, qu'il attribue la cause physique de la res-piration, ou de la contraction des vésicules bronchiques des poumons qui y donne lieu : ce n'est pas seulement au dégagement du fluide électrique des poumons, qu'il attribue ce phénomène, mais encore à celui de l'air inspiré, qui le contient toujours en plus ou moindre quantité, ce qui le conduit à parler de la combustion animale et de la combustion en général.

Toute combustion est due, d'après lui, à la seule application ou union du calorique libre, au combustible, dégagé de l'air ou autres substances qui peuvent le fournir, et du combustible même.

L'oxigène, d'après lui, soit de l'air atmosphérique, soit de toutes les substances qui peuvent le contenir, n'y est point absolument nécessaire, ce qu'il prouve d'après plusieurs observations.

Le gaz oxigène n'est propre à la combustion, dit-il, que par l'abondance du calorique qu'il contient, et la facilité avec laquelle il le cède.

Il croit que toute substance, aussi ou plus riche en calorique, serait autant ou plus propre à la combustion que lui, sans exiger le contact d'un air, tel que le fluide électrique dont la combustion a lieu dans le vide, et peut l'opérer de même des combustibles. Le phosphore jouit de la même propriété lorsqu'on élève sa température.

Le gaz hydrogène, observe-t-il, quoique ne contenant pas d'oxigène, serait bien plus propre à la combustion, si son inflammation n'en résultait, et qu'elle ne fût point si rapide; ce n'est au contraire que le contact de l'oxigène de l'air qui la ralentit, lorsqu'on ne le fait brûler qu'à son contact avec lui.

Il montre encore au contraire que les substances

les plus oxigénées ne sont point en général propres à la combustion, comme les acides en général, ou leurs composés, les sels neutres, qui ne font éprouver au corps une sorte d'ustion que par le calorique qu'ils leur enlèvent, avec lequel ils ont beaucoup d'affinité, et qu'ils laissent plus ou moins de tems appliqué sur ces corps, agissant en cela comme le mitrate d'argent, ou pierre infer-nale, l'alkali caustique concret ou pierre à cautère, la chaux récemment éteinte, l'eau ou le mercure congélés, substances agissant d'après ce qu'il croit de cette manière, en enlevant brusquement et en abondance du calorique aux corps, et l'y lais-sant plus ou moins appliqué.

Il regarde la légéreté des corps et leur tempé-rature comme des moyens propres à connaître la capacité, ainsi que l'affinité que les corps ont pour le calorique libre; d'où résulte, d'après lui, que les corps les plus durs et les plus pesans, ont le plus de capacité pour lui; d'où résulte aussi la diffé-rente température des corps, qu'il croit n'être pas la même dans tous; ce qui fait que la sensation de chaud et de froid, rélative au calorique enlevé ou cédé aux différens corps, est tout-à-la-fois un moyen thermométrique et calorimétrique.

On peut, ajoute-t-il, d'après la température hy-grométrique des corps, juger également de leur capacité et affinité pour l'eau à l'état la liberté.

Le calorique le conduit à l'examen des combus-tibles : il regarde, d'après plusieurs considérations et observations , l'hydrogène , comme le seul principe, le seul élément combustible qui mérite ce nom.

Il croit que les métaux ne jouissent plus ou moins de cette propriété combustible, qu'à raison de la plus ou moins grande quantité de ce principe.

Il regarde les différens métaux, comme des corps plus ou moins composés d'hydrogène, et d'un radical qui, par la différence de sa nature, établit aussi la différence que l'on observe entr'eux.

Les 3ème et 4ème paragraphes traitent des rélations du cerveau, ou de l'organe de la pensée avec le diaphragme ou le centre phrénique , soit dans le même individu, soit entre les divers individus.

C'est des rélations du centre phrénique avec l'organe de la pensée ou le cerveau, et de ses diverses affections sous le premier rapport, qu'il fait résulter les affections morales personnelles, et de ces mêmes rélations et affections sous le second rapport, qu'il fait résulter les sympathies dites morales : affections et sympathies morales, relatives les unes, et les autres , à la joie ou à la tristesse, au plaisir ou à la douleur, et aux divers sentimens et diverses passions qui, en dernière analyse, peuvent être réduits au plaisir ou à la douleur, et qui tiennent au caractère, au tempérament, à nos principes, à notre manière de voir, de penser, de juger, à nos rélations, nos habitudes, notre opinion.

Le centre phrénique, ce siége des affections et

des

Il regarde les volcans produits, non-seulement par l'inflammation des substances combustibles qui forment le foyer volcanique, résultant en partie de la décomposition de l'eau, mais encore par l'inflammation d'une grande partie de gaz hydrogène provenu d'une décomposition instantanée de l'eau par le fluide électrique lui-même.

Il regarde les tremblemens de terre qui les accompagnent toujours, comme on l'observe dans leur voisinage, produits, par la décomposition de l'eau, par le fluide électrique, et le dégagement brusque et abondant des gaz qui en proviennent, dont la force expansive imprime les violentes secousses qui l'agitent, et déchirent ses entrailles.

Les tremblemens de terre, pour si étendus qu'ils soient, et à quelque distance qu'on les éprouve des monts ignivômes, sont tous dus à la même cause d'après lui, si l'on considère qu'en creusant le sein de la terre plus ou moins profondément, on trouve presque par-tout de l'eau en plus ou moins grande quantité, qui peut servir tout-à-la-fois au fluide électrique de conducteur et d'un agent secondaire pour la production du phénomène, et si l'on considère aussi qu'ils sont toujours liés à quelque éruption volcanique.

Il croit que c'est dans ces endroits préférablement où le conducteur de l'eau est interrompu, que le fluide électrique s'accumulant jusques au point où son abondance lui permet d'agir sur l'eau, qui en est voisine par sa force décomposante, que se font sentir les commotions par l'expansion des gaz qui en résultent.

Ce qui explique, d'après lui, d'où vient qu'il y a des lieux intermédiaires à ceux qui sont convulsionnés, qui n'éprouvent aucun ressentiment.

Ce qui confirma son opinion sur la production et le dégagement des gaz opérés par le fluide électrique dans les tremblemens de terre, c'est l'abaissement du baromètre, les ouragans, les pluies abondantes qui les accompagnent, et qui font paraître souvent des signes d'électricité, dans les lieux, ou à une certaine distance des endroits des éruptions volcaniques et des tremblemens de terre.

Il attribue cette baisse du baromètre, au déversement d'une grande quantité de gaz hydrogène dans l'atmosphère, lequel est plus léger qu'elle, comme l'on sait.

Il attribue les ouragans, les tempêtes, à l'impulsion qu'éprouve l'air par cette éruption gazeuse.

Il attribue les pluies d'orage, à la formation d'une grande quantité d'eau dans l'atmosphère, par l'inflammation du gaz hydrogène, par l'électricité.

Il attribue le tonnerre à la détonation qui accompagne l'inflammation produite par le fluide électrique, de ce gaz mêlé par le vent à l'air atmosphérique, ainsi qu'au vide qui s'y forme. Ce n'est pas que le tonnerre ne puisse avoir lieu sans l'intermède de l'électricité, et quelquefois par l'espèce de vide qu'occasionne la formation subite de quelque nuage, comme l'a avancé un célèbre physicien.

Les signes d'électricité qui se manifestent par l'agitation des aiguilles de boussole, au sommet des pointes métalliques , etc. sont des preuves complémentaires que les volcans et les tremblemens de terre sont produits par le fluide électrique, ou pour mieux dire, qu'il en est le premier agent.

Il attribue le phénomène de la foudre, au dégagement brusque du fluide électrique , combiné jusques à saturation dans quelque nuage ou point de la terre, dégagé par d'autres nuages, ou spontanément, etc. et dirigé sur les objets qui sont dans sa sphère d'action, qui peuvent lui servir de conducteur, ou lui faire obstacle, ce qui détermine les explosions de la foudre descendante ou ascendante, selon qu'elle part des nuages ou de la terre.

Il parle aussi des effets négatifs de la foudre sur les animaux, analogues aux effets positifs.

Il attribue le phénomène de l'aurore boréale, à la grande quantité de fluide électrique enlevé à la terre continuellement sous la région équatoriale , par l'évaporation abondante qui s'y fait, et déversée vers les pôles par l'ascension de la colonne d'air, qui y devient plus haute par la grande raréfaction qu'elle éprouve dans la région équatoriale.

Le 4ème paragraphe traite de l'électricité appliquée artificiellement à l'économie animale.

Il parle de ses avantages dans plusieurs affections où il faut augmenter le ton des forces toniques,

D 2

ou le resussciter lorsqu'il est anéanti dans quelque partie, ou lorsqu'il est question, dans quelque cas, d'atténuer, d'inciser, de diviser l'épaississement de la lymphe, favoriser la transpiration, etc.

Il circonscrit l'éléctricité, proprement dite, à la méthode positive.

Quant à la méthode négative employée d'après les moyens connus, il la considère comme nulle, les regardant comme insuffisans, impropres.

Il ne voit que le galvanisme qui puisse efficacement remplir ces vues dont il parle dans la section suivante.

LA SECONDE SECTION traite de l'électricité galvanique.

Avant d'en venir au premier paragraphe, l'auteur fait l'historique en raccourci du galvanisme.

Le premier paragraphe traite des propriétés et des phénomènes artificiels du fluide galvanique.

Le 2ème paragraphe traite de l'explication de ces phénomènes d'après une nouvelle théorie de l'auteur, qu'il développe, auparavant fondée sur quelques principes auxquels viennent se lier tous les phenomènes.

Ces principes sont, 1° l'affinité plus ou moins grande qu'ont les animaux et les métaux pour le fluide éléctrique ou galvanique , et l'affinité particulière que les nerfs ou le cerveau ont avec lui. 2° La quantité plus ou moins grande de ce fluide, contenue par les animaux, et qui est rélative à l'état de vie, ou de mort où ils se trouvent

3°. L'hypothèse démontrée que le fluide électrique
est la cause de l'irritabilité. 4°. Le dégagement
brusque du fluide électrique ou galvanique qui a
lieu par le contact des métaux, et qui s'opèrerait
lentement et d'une manière insensible par la désor-
ganisation. 5° La propriété stimulante du fluide électrique ou galvanique. 6° L'analogie, l'identité des
effets du fluide électrique et du fluide galvanique.
7°. Enfin, les lois des affinités, tant par rapport aux
animaux que par rapport aux métaux pour le
fluide électrique.

D'après cette théorie, il explique d'abord les
phénomènes artificiels du galvanisme, comme la
saveur, les bluettes, l'inflammation des substances
combustibles, les attractions et les répulsions.,
les convulsions des animaux morts, la commotion
de ceux en état de vie, lesquelles ne diffèrent que
par l'énergie, la cause de la répétition continuelle
de ces contractions ou commotions, leur facilité plus ou moins grande au moyen des métaux
hétérogènes, et d'après leur nombre, l'avantage
de l'étendue des surfaces dans certaines circonstances, la suffisance d'un seul métal pour lés
contractions, etc.

Le 3ème paragraphe traite des phénomènes naturels, produits par le fluide galvanique, qui ont
lieu naturellement dans l'économie animale, dont
il a déjà traité dans les deux sections de la première
partie, soit en état de santé, soit en état de maladie, comme du mouvement alternatif de con-

traction du cerveau ; du cœur , des artères , et par
conséquent de la cause du pouls , de la circulation
du sang ; des spasmes , du mouvement musculaire,
du mouvement péristaltique des intestins ; du
principe de vie , de ce principe régulateur de l'économie vivante, etc. etc,

Le 4ème et dernier paragraphe traite de l'emploi
du galvanisme à l'économie animale en état de
maladie , et de la préférence qu'il mérite sur l'électricité , proprement dite, dans certaines circonstances où il faut électriser négativement , comme
le seul moyen qui peut remplir les vues que l'on
desire, le seul moyen négatif qui peut être em-
ployé dans le cas où il y a excès de ton dans les
forces toniques, où il faut soutirer du fluide.

La 3ème section de la 2ème partie , traite du
magnétisme ou de l'aimant.

L'auteur , avant d'en venir au 1er paragraphe ,
fait l'historique en abrégé du magnétisme.

Le 1er paragraphe traite de la nature du fluide
magnétique , et de ses propriétés générales.

La circonstance de son union avec le fer dans
les mines d'aimant, qu'il regarde comme des substances proprement dites idio-magnétiques , lui
fait attribuer sa génération à la décomposition de
l'eau , et le lui fait considérer comme un corps
identique avec l'hydrogène ou le souffre principe.

Quelques-unes de ses propriétes générales rap-
prochées de celles du souffre , le confirment dans
cette opinion.

Quelques-autres de ses propriétés générales, telles que son universalité, sa subtilité qui lui fait pénétrer la plupart des corps, comme la pierre, le fer, le bois, le verre, le carton, etc. lui font croire qu'il n'est aussi que la matière éthérée des anciens,

Le 2ème paragraphe traite de ses propriétés particulières et du phénomène des aimants, aimants, qu'il distingue en naturels et en artificiels, en généreux et vigoureux. Il réduit ces phénomènes à neuf à-peu-près.

1º Au passage du fer, ou de l'acier, à l'état d'aimants naturels ou artificiels.

2º. A la communication du magnétisme, aux différentes méthodes de l'opérer et aux divers agens pour communiquer ou développer le magnétisme, comme le contact d'un aimant naturel, ou artificiel la percussion, l'électricité, l'exposition seule du corps dans la direction des pôles du monde.

3º. Au phénomène des deux pôles différens qu'ont les corps à l'état d'aimant.

4º. A la direction qu'affectent ces pôles, lorsque l'aimant est suspendu librement.

5º. A l'attraction des aimants à l'égard du fer ou de l'acier.

6º. A la répulsion que montrent entr'eux les pôles de même nom de deux aimants.

7º. Aux lois de l'attraction et de la répulsion que montrent entr'eux les pôles de même nom de deux aimants.

(32)

8o. Aux phénomènes de la boussole.

9o. A la déclinaison de la boussole.

10o. A son inclinaison.

Il explique tous ces phénomènes d'après une nouvelle théorie, fondée sur six principes, sans avoir recours aux hypothèses de deux actions opposées du
fluide magnétique, imaginées pour expliquer certains
phénomènes que l'on avait cru insolubles dans l'hypothèse d'une seule action de ce fluide; savoir:

1o. Sur la liberté dont jouit le fluide magnétique
dans les corps , à l'état d'aimant. 2o. Sur l'affinité particulière qu'à le fluide magnétique pour
le fer ou lacier. 3o. Sur la force répulsive des molé_
cules du fluide entr'elles. 4o. Sur la densité, la conden-
sation qu'il est susceptible de prendre, soit dans le fer
ou l'acier sur la surface de la terre, par l'effet dans
ce cas, de la diminution de la force centrifuge
et de l'augmentation de la force centripète aux
pôles; ou dans l'intérieur de la terre par la plus
grande quantité des mines d'aimant dans la région
polaire. 5o. Enfin sur la direction du fluide magnétique
qu'il croit circuler d'un pôle à l'autre, avec plusieurs physiciens, et qu'il regarde identique avec la
matière éthérée des anciens, ou le souffre principe ,
ou l'hydrogène qu'il croit de même nature.

Le 3ème paragraphe traite des phénomènes naturels du magnétisme, qu'on remarque dans la nature,
de l'influence du fluide magnétique sur le corps hu-
main que l'on a poussé beaucoup trop loin, dont le
mesmérisme a abusé pour tromper la credulité,

de

(33)

de l'analogie du fluide magnétique avec le fluide électrique, de la différence de ces deux fluides, de la cause de leur analogie et de|leurs différence.

Le 4ème paragraphe traite de l'emploi des corps aimantés dans quelques affections pathologiques, de sa propriété médicale, calmante, anti-spasmodique, anti-életrique; car il croit que le fluide magnétique, qu'il regarde comme un principe constituant du fluide électrique, en supersaturant, par son application au corps, ce dernier fluides en châtre les effets.

La 4ème section traite du phosphore, de la lumière et du feu central. Elle est divisée en 3 paragraphes.

Le premier paragraphe traite des propriétés et de la nature du phosphore.

L'existence des phosphates calcaires dans le sein de la terre, les circonstances de sa formation, analogues a celles du fluide électrique, ses propriétés, le rapprochement de ses propriétés avec celles du fluide électrique, lui font conjecturer son identité avec lui.

L'analyse qui s'en fait naturellement par le laps de tems, ou par la combustion même, lui fournit la preuve qu'il est également composé de soufre, de calorique et d'un peu d'oxigène, qu'il retient comme le fluide électrique par la grande affinité et ténacité qu'a le soufre pour l'oxigène, ce qui fait qu'on ne le trouve naturellement qu'à l'état d'acide phosphorique, combiné avec les terres calcaires qui ont beaucoup d'affinité avec lui, comme les phosphates calcaires le prouvent.   E

Le procédé usité dans sa purification, lui fournit un complément de preuves.

D'après ces considérations, le fluide électrique et le phosphore ne lui paraissent différer que par les proportions des principes. Le phosphore contient plus de souffre et moins de calorique et plus d'oxigènece, qui le met dans un état concret: le calorique d'ailleurs y est dans un état de combinaison.

La saveur acidule que le phosphore communique à l'eau, et celle que le fluide électrique manifeste dans plusieurs circonstances ne peuvent laisser aucun doute sur la présence de l'oxigène dans ces substances.

Ainsi, l'auteur ne voit pas seulement sortir de la décomposition de l'eau, le souffre et le fluide électrique, il en voit couler, en quelque sorte, le phosphore.

Le deuxième paragraphe traite des propriétés et de la nature de la lumière.

Daprés les propriétés du fluide électrique et celles du phosphore, d'après celles de la lumière, d'après l'idée de quelques auciens sur la formation de la lu. mière par la matière éthérée, d'après l'existence du calorique dans la lumière, et d'après quelques effets produits par la lumière, rélatifs à la décoloration, semblables à ceux produits par l'oxigène sur les couleurs. L'opinion de l'auteur est que le fluide de la lumière est identique au fluide électrique, et sur-tout au phosphore en combustion ne différant de ces subs. tances que par les proportions des principes qui doivent modifier ses propriétés ecs effcts.

D'après les propriétés de la matière éthérée supposées par les anciens, d'après celles de l'hydrogène et du souffre qu'il a prouvé en résulter, et d'après celles aussi du fluide magnétique dont il a démontré l'identité de nature avec ces substances, l'auteur croit que la matière éthérée n'est que le souffre principe, extrêmement rare, répandu par-tout.

Il croit en effet, ajoute-t-il, que toutes les convenances se réunissent en faveur de l'hydrogène, ou du souffre, pour former la matière éthérée, si l'on rapproche les modifications de l'hydrogène et son union avec le calorique formant le fluide électrique ou le phosphore en combustion, et si l'on rapproche les propriétés, sur-tout de la dernière substance en combustion, avec les propriétés de la lumière, ce qu'il fait.

Et d'après cette opinion, il croit qu'en regardant le soleil comme composé des mêmes principes, on peut considérer cet océan de lumière comme une masse immense de phosphore ou combustion circonscrite dans un coin de l'espace d'après les lois de l'équilibre et de la pression en tous sens.

Il croit aussi que cette matière éthérée, très subtile, très rare, que cet hydrogène, qui n'est lumineux que par son union avec le calorique, remplit l'immensité de l'espace, qu'elle entoure par conséquent tous les corps célestes. Il croit aussi qu'elle sert d'aliment à tous les soleils.

Il croit encore, d'après les lois auxquelles est soumis le fluide électrique que tous les corps célestes ne sont soumis à ces mêmes lois, que par l'influence de cette matière éthérée, de cet hydrogène qui paraît être la cause de ces lois dans le fluide électrique, d'ou résulte, ajoute-il, que l'attraction, ce principe régulateur qui règle la marche harmonique et majestueuse des corps celestes , du monde planétaire, tirerait, sous un autre point de vue, sa source d'un élément qui entre dans la formation du principe régulateur de l'économie vivante. L'auteur entre ensuite dans des développemens rélatifs àdes applications de ces lois.

La lumière d'après cette hypothèse, ainsi que notre soleil, pourrait bien, comme le souffre, le fluide éléctrique et le phosphore, ce qui n'a rien au fonds d'invraisemblable, sortir du sein des eaux pour éclairer notre monde ainsi qu'il l'a déjà prouvé pour ces derniers.

Le 3ème paragraphe traite de l'origine et de la cause de la chaleur centrale.

L'auteur après avoir elevé sa pensée du sein de la terre jusqu'à la lumière du soleil, et en avoir fait en quelque sorte l'analyse chymique d'après ses propriétés, la rappelle et la ramène dans les antrailles de notre globe, pour chercher la cause d'un très grand phénomène, celle de la chaleur centrale.

La quantité immense de calorique provenant de la décomposition continuelle de l'eau, ne pouvant être toute employée à la formation du fluide électrique, lui fait croire que ce que l'on nomme le feu central, n'a pas d'autre origine que cet excédant de

calorique qui reste libre, et il croit que cette cause
est la seule capable de l'alimenter sans cesse et de
le soutenir à-peu-près au même degré dans les
entrailles de la terre, et loin de l'influence de l'astre
qui échauffe sa surface, de là température et de
la lumière versatile que l'on y éprouve.

des personnes, et à laquelle il est en butte
depuis plus de quinze mois, et bien
longtemps avant; les vains prétextes
dont elles [ont] servi ... pour
en imposer au public, et qui n'ont
eu pour but que de l'empêcher de
présenter au concours qui a été
ouvert sur l'objet de ses découvertes
c'est à dire l'électricité, ses vues et
une nouvelle théorie, non
seulement sur l'électricité et le
galvanisme qui en fait partie,
mais encore sur d'autres objets qui
en sont dépendants d'après lui
comme les sympathies et sa
découverte sur la connaissance des
idées d'autrui par l'entremise de
la parole; et qu'il est instruit
d'ailleurs qu'elle se dispose à faire
paraître sous un autre nom
au concours, et par la voie de
l'impression ce qu'il a déjà dit
relativement à l'électricité et au
galvanisme, il fait imprimer dans
ce moment plusieurs fragments
de cette partie, qui seront faits
à cette analyse analytique, et
formeront à peu près un volume
de deux cent cinquante ou
trois cent pages.

www.ingramcontent.com/pod-product-compliance
Ingram Content Group UK Ltd.
Pitfield, Milton Keynes, MK11 3LW, UK
UKHW022357120726
13694UKWH00005B/1934